essentials

Essentials liefern aktuelles Wissen in konzentrierter Form. Die Essenz dessen, worauf es als „State-of-the-Art" in der gegenwärtigen Fachdiskussion oder in der Praxis ankommt. *Essentials* informieren schnell, unkompliziert und verständlich

- als Einführung in ein aktuelles Thema aus Ihrem Fachgebiet
- als Einstieg in ein für Sie noch unbekanntes Themenfeld
- als Einblick, um zum Thema mitreden zu können

Die Bücher in elektronischer und gedruckter Form bringen das Fachwissen von Springerautor*innen kompakt zur Darstellung. Sie sind besonders für die Nutzung als eBook auf Tablet-PCs, eBook-Readern und Smartphones geeignet. *Essentials* sind Wissensbausteine aus den Wirtschafts-, Sozial- und Geisteswissenschaften, aus Technik und Naturwissenschaften sowie aus Medizin, Psychologie und Gesundheitsberufen. Von renommierten Autor*innen aller Springer-Verlagsmarken.

Thomas Bindel

Techniken für optimale Gesprächsführung

Wie Sie in Alltag und Berufsleben
Gespräche erfolgreich führen

Thomas Bindel
Fakultät Elektrotechnik
Hochschule für Technik und Wirtschaft
Dresden, Deutschland

ISSN 2197-6708   ISSN 2197-6716 (electronic)
essentials
ISBN 978-3-658-46599-5   ISBN 978-3-658-46600-8 (eBook)
https://doi.org/10.1007/978-3-658-46600-8

Die Deutsche Nationalbibliothek verzeichnet diese Publikation in der Deutschen Nationalbibliografie; detaillierte bibliografische Daten sind im Internet über https://portal.dnb.de abrufbar.

Planung/Lektorat: Volker Darr
Springer Vieweg ist ein Imprint der eingetragenen Gesellschaft Springer Fachmedien Wiesbaden GmbH und ist ein Teil von Springer Nature.
Die Anschrift der Gesellschaft ist: Abraham-Lincoln-Str. 46, 65189 Wiesbaden, Germany

Wenn Sie dieses Produkt entsorgen, geben Sie das Papier bitte zum Recycling.

Was Sie in diesem *essential* finden können

- Die frische Luft aus der Praxis in Form kompakter Empfehlungen zu Techniken für die optimale Gesprächsführung aus Sicht eines Anwenders, der damit täglich arbeitet,
- Instrumentarium, das direkt nach der Lektüre bessere Kommunikation ermöglicht, die durch ein Quadrat rundläuft und gewaltfrei mehr erreicht,
- Anleitung zur optimalen Gesprächsführung durch Nutzung des Erfolgsprinzips eines amerikanischen Präsidenten, diverser Denkhüte sowie Begegnung mit einem Eisberg von Sigmund Freud.

Vorwort

Die frische Luft der Praxis

An dieser Stelle zitiere ich die Einschätzung von Martin Wehrle, Autor des Bestsellers „Wenn jeder dich mag, nimmt keiner dich ernst" (www.martin-wehrle.de!), zu vorliegendem Buch: „Wie reagieren Sie, wenn Ihr Chef Ihnen unter die Nase reibt, Ihre Geschäftszahlen seien unter aller Kanone? Was können Sie sagen, wenn Ihnen ein Radfahrer auf dem Fußweg entgegen rast? Und welche Reaktion ist angemessen, wenn Sie im ICE arbeiten wollen, aber davon abgehalten werden durch ein geschäftliches Gespräch in der Lautstärke eines Kindergeburtstages?

Thomas Bindel schlägt Ihnen vor, mit welchen Worten Sie in diesen Situationen richtig reagieren. Er verrät Ihnen, mit welcher Systematik Sie schwierige Gespräche und Verhandlungen perfekt vorbereiten. Und er zeigt Ihnen, wie Sie mit Menschen vertieft ins Gespräch kommen, indem Sie besser zuhören und treffende Fragen stellen. Jede Frage kann eine Tür öffnen, die Sie in die Welt Ihres Gesprächspartners einlässt.

Das gefällt mir ganz besonders an diesem Buch: dass es die frische Luft der Praxis atmet. Thomas Bindel hat ein kompaktes Buch über Kommunikation geschrieben, ein Konzentrat mit den wichtigsten Methoden, das mehr praktische Tipps als mancher dicke Schinken enthält. Als Leser bekommen Sie ein Instrumentarium an die Hand, um direkt nach der Lektüre besser zu kommunizieren.

Im Laufe dieser Lektüre werden Sie sich unter anderem diverse Denkhüte aufsetzen; Sie werden das Erfolgsprinzip eines amerikanischen Präsidenten anwenden; Sie werden einem Eisberg von Sigmund Freud begegnen, der Ihre Kommunikation entscheidend verbessern kann; und Sie werden erkennen, wie

Ihre Kommunikation durch ein Quadrat runder läuft und durch Gewaltfreiheit mehr erreicht.

Wer jemals erleben durfte, wie Thomas Bindel selbst kommuniziert, mit welchen Spannungsbögen er seine Geschichten erzählt, mit welcher Wertschätzung er seinen Gesprächspartnern begegnet, mit welcher Lebendigkeit er seine nonverbalen Rückmeldungen gibt – der versteht sofort, warum dieses Buch so wirksam ist: Hier hat ein vorzüglicher Praktiker für die Praxis geschrieben und gibt weiter, was er selbst mit Erfolg anwendet.

Eines steht fest: Wenn Sie dieses Buch gelesen haben, kommunizieren Sie entspannter und besser. Sogar dann, wenn Ihnen eine Führungskraft einen ungerechtfertigten Vorwurf macht. Oder Ihnen ein Radfahrer auf dem Fußweg entgegen rast. Probieren Sie es aus!"

Thomas Bindel

Inhaltsverzeichnis

Einführung

1

„Noch'n Gedicht!" – wem fiele da nicht sofort Heinz Erhardt mit seinem berühmten Sketch bei einem seiner unvergesslichen Fernsehauftritte ein! Ist das nicht gleichzeitig auch ein gelungenes Beispiel für besonders gut gelungene Kommunikation, die gleichermaßen Herz und Verstand für immer erreicht? Wer wünschte sich nicht, das ebenso gut zu können, wäre es doch nur erlernbar!

Für alle, denen genau dieser Gedanke gerade durch den Kopf schießt, gibt es eine gute Nachricht: Ja, es ist erlernbar, und vorliegendes Buch ist sozusagen „Noch'n Gedicht!", weil es seinen Beitrag dazu leisten will. Wenn es die geneigten Leserinnen und Leser am Ende wie ein Gedicht empfinden, umso besser…

Es sind sicher schon viele Gedichte und ebenso viele Bücher über Kommunikation geschrieben worden, warum also noch ein weiteres verfassen? Weil es eben viele Bücher über Kommunikation gibt – aber was wir im beruflichen sowie geschäftlichen Umfeldtäglich brauchen, ist optimale Gesprächsführung als wesentliches Kommunikationselement. Dazu findet sich bei Recherchen jedoch kaum etwas Verwertbares – höchste Zeit, dies zu ändern.

Was man von diesem Buch erwarten kann:

Empfehlung von Techniken für optimale Gesprächsführung aus Sicht eines Anwenders, der mit diesen Techniken täglich arbeitet

Was dieses Buch also sein kann:

Anleitung zur optimalen Gesprächsführung.

Was dieses Buch eher nicht ist:

Wissenschaftlich begründete Abhandlung.

Optimale Gesprächsführung – was genau ist das?

In vorliegendem Buch wird vorausgesetzt, dass

- Gespräche gemeint sind, die im beruflichen oder geschäftlichen Umfeld geführt werden,[1]
- für optimale Gesprächsführung in diesem Umfeld folgende Voraussetzungen wichtig sind:

a) Zeitmanagement,
b) Gesprächsatmosphäre des Vertrauens,
c) Berücksichtigung von Erwartungen aller Gesprächspartnerinnen und - partner in angemessener Weise,
d) Verankerung des Gesagten bei Gesprächspartnerinnen und -partnern sowohl rational auch emotional.

Es liegt nahe, diese Voraussetzungen als Erfolgsfaktoren für optimale Gesprächsführung anzusehen und deshalb wird im folgenden davon ausgegangen.
    Wie gelingt es nun, dies zu erreichen?
    Dazu wird hier ein einfaches und somit übersichtliches Dreiphasenmodell benutzt:

1. Gesprächs-Vorbereitung,
2. Gesprächs-Führung,
3. Gesprächs-Nachbereitung.

Gespräche verlaufen dann optimal, wenn es gelingt, in jeder dieser Phasen die genannten Erfolgsfaktoren umzusetzen. Hierzu werden Leserinnen und Lesern in den folgenden Kapiteln entsprechende Techniken an die Hand gegeben. Der Autor arbeitet damit täglich und ist deshalb von ihnen überzeugt.
    Tab. 1.1 zeigt einerseits die Zuordnung von Techniken zu Gesprächsphasen und andererseits gleichzeitig die damit verbundene Zuordnung zu Erfolgsfaktoren. Somit ist Tab. 1.1 „roter Faden" für vorliegendes Buch.

---

[1] Die Erläuterungen sind auch auf Gespräche im privaten Umfeld übertragbar.

Tab. 1.1 Zuordnung von Techniken zu Gesprächsphasen

Gesprächsphase	Technik	Erfolgsfaktoren			
		Zeitmanagement	Vertrauen	Erwartungen	Verankerung
Gesprächsvorbereitung	Eisenhower-Prinzip	X			
	Rollenanalyse			X	
	WWI-/WWDW-Strategie			X	
	6 Denkhüte (E. de Bono)			X	
Gesprächsführung	Eisenhower-Prinzip	X			
	Fragetechniken		X	X	X
	Kommunikationsquadrat		X		
	Gewaltfreie Kommunikation		X	X	X
Gesprächsnachbereitung	Eisenhower-Prinzip	X			
	Gesprächsnotiz				X

Aus Tab. 1.1 geht hervor, dass Zeitmanagement in jeder Gesprächsphase Erfolgsfaktor und daher für optimale Gesprächsführung besonders wichtig ist. Daher ist diesem Erfolgsfaktor ein der Gesprächsvorbereitung, Gesprächsführung sowie Gesprächsnachbereitung übergeordnetes Kapitel gewidmet.

Und nun geht's los!

Zeit gewinnen mit dem Eisenhower-Prinzip

Wie im ersten Kapitel bereits erläutert, kommt es ganz entscheidend darauf an, sich für Gesprächsvorbereitung, Gesprächsführung sowie Gesprächsnachbereitung angemessen Zeit zu nehmen. Das mag wie eine Binsenweisheit klingen – doch der stressige Berufsalltag scheint dafür kaum Platz zu lassen. Er ist voll von Aufgaben aller Art – das ist völlig normal.

Problematisch daran ist aber, dass es stets mehr Aufgaben sind, als man in der zur Verfügung stehenden Zeit mit der erforderlichen Gründlichkeit bearbeiten kann. Somit stellt sich nicht mehr die Frage, ob bzw. was man an einem Arbeitstag alles erledigen kann, sondern vielmehr ist zu entscheiden, was man zuerst liegen lässt, d. h. die Arbeitsaufgaben sind zu priorisieren.

Gewiss kann man das auf der Grundlage des eigenen Bauchgefühls tun – ein gewisses Unbehagen wird dabei oft bleiben. Angenehmer wäre es, könnte man anhand konkreter Kriterien priorisieren.

Eine einfache und zugleich sehr wirksame Zeitmanagementtechnik ist als Eisenhower-Prinzip[1] bekannt. Dieses Prinzip ermöglicht, wesentliche Aufgaben von unwesentlichen zu trennen und dadurch „Zeitfresser" zu identifizieren, welche dringend benötigte Zeit für Gesprächsvorbereitung, -durchführung sowie -nachbereitung rauben.

Hierbei werden alle zu erledigenden Aufgaben zunächst klassifiziert nach

- *Wichtigkeit* (Bedeutungskategorie) sowie
- *Dringlichkeit* (Zeitkategorie).

---

[1] Dwight D. Eisenhower (1890–1969): US-amerikanischer General im zweiten Weltkrieg und 34. Präsident der USA.

© Der/die Autor(en), exklusiv lizenziert an Springer Fachmedien Wiesbaden GmbH, ein Teil von Springer Nature 2024
T. Bindel, *Techniken für optimale Gesprächsführung*, essentials, https://doi.org/10.1007/978-3-658-46600-8_2

Nach [1] ist eine Aufgabe wichtig, „...wenn ihre Erledigung zum Erreichen eines übergeordneten Ziels notwendig ist." – dringend ist sie dann, „...wenn es notwendig ist, sie sofort oder zu einem bestimmten Termin zu erledigen.". Folgende Beispiele mögen das belegen:

• Für z. B. im Vertrieb tätige Angestellte könnte das übergeordnete Ziel in Zufriedenheit von Kundinnen und Kunden bestehen. Demnach werden sie alle Aufgaben als wichtig ansehen, mit denen es gelingt, diese Zufriedenheit zu erhalten bzw. zu steigern. Als dringende Aufgabe wäre dann in diesem Kontext zu betrachten, Angebote fristgemäß zuzusenden sowie dafür zu sorgen, dass Lieferungen und Leistungen ebenso fristgemäß erbracht werden.
• Allgemein könnte ein übergeordnetes Ziel aller Angestellten sein, ihren Arbeitsplatz zu sichern. Dann ist jede Aufgabe wichtig, deren Erledigung diesem Ziel dient, und jede Aufgabe dringend, deren nichtfristgemäße Erledigung unangenehme Konsequenzen bis hin zur Kündigung zur Folge haben könnte.

Bezüglich *Wichtigkeit* werden ansachließend die Kategorien

• *wichtig* sowie
• *unwichtig*

zugeordnet, bezüglich *Dringlichkeit* sind es die Kategorien

• *dringend,*
• *nicht dringend.*

Anschließend kombiniert man die Kategorien *wichtig* sowie *unwichtig* mit jeweils einer der beiden anderen Kategorien *dringend* bzw. *nicht dringend* und erhält somit Kombinationen, nach denen Arbeitsaufgaben priorisierbar sind:

1. *wichtig* und *dringend* → *Erledigen!*
2. *wichtig* und *nicht dringend* → *Terminieren!*
3. *unwichtig* und *dringend* → *Delegieren!*
4. *unwichtig* und nicht *dringend* → *Eliminieren (d. h. nicht bearbeiten)!*

Doch woraus ergeben sich Wichtigkeit sowie Dringlichkeit? In [1] werden dazu folgende Hinweise gegeben:
    „Um **wichtige Aufgaben** zu erkennen, helfen folgende Fragen:

- Ist die Erledigung der Aufgabe für die Erreichung eines übergeordneten Ziels notwendig?
- Ist jemand anderes von der Erledigung der Aufgabe abhängig?

Um **dringende Aufgaben** zu identifizieren, helfen folgende Fragen:

- Gibt es eine Frist, bis wann die Aufgabe erledigt sein muss?
- Muss Zeit für Feedback und Anpassungen eingeplant werden?
- Ist jemand anderes *zeitlich* von der Erledigung der Aufgabe abhängig?"

Mittels Portfoliotechnik [2, 3] lässt sich die Priorisierung nun wie in Abb. 2.1 gezeigt veranschaulichen.

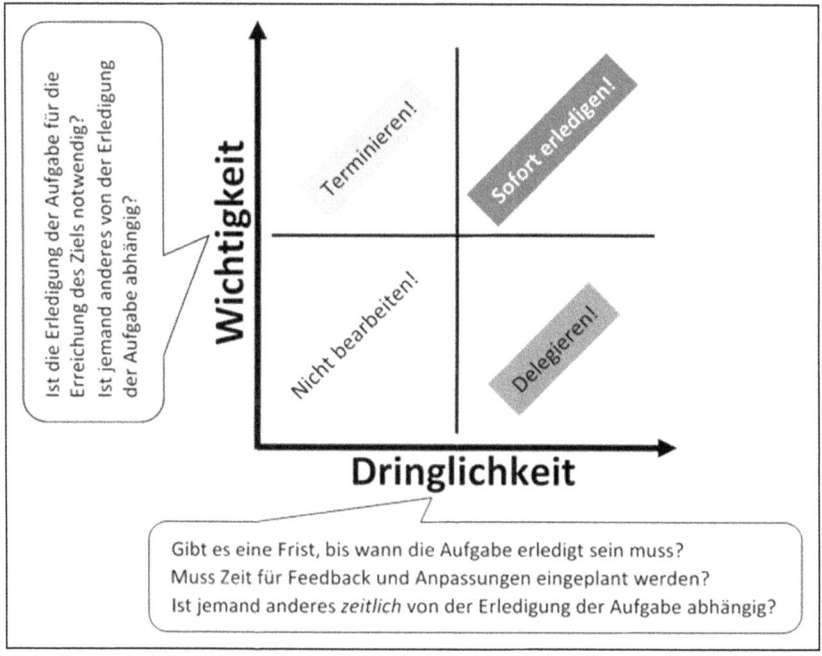

Abb. 2.1 Veranschaulichung der Eisenhower-Prinzips

Priorisierung hilft also, keine Zeit mehr für Aufgaben der Kategorien „unwichtig und dringend" sowie „unwichtig und nicht dringend" aufzuwenden, sondern diese Zeit für alle Gesprächsphasen zu nutzen. Beispiel zur Anwendung des Eisenhower-Prinzips ist die Priorisierung für die Bearbeitung von E-Mails: Man legt im Ordner *Posteingang* die Unterordner

- *Erledigen→da wichtig* und *dringend,*
- *Terminieren→da wichtig* und *nicht dringend,*
- *Delegieren→da unwichtig* und *dringend,*
- *Eliminieren→da unwichtig* und nicht *dringend*

an und sortiert dort alle einlaufenden Nachrichten entsprechend ein. Besonders hilfreich ist dieses Vorgehen, wenn man täglich so den Posteingang sortiert, um einen Überblick darüber zu bekommen, welche Aufgaben als erste zu bearbeiten sind.

Um das Eisenhower-Prinzip sofort anwenden zu können, ist Abb. 2.1 in ein Arbeitsblatt umgesetzt worden (Abb. 2.2). In die darin befindliche Tabelle werden zuerst alle in einem bestimmten Zeitraum zu erledigenden Aufgaben eingetragen. Anschließend wird die in der ersten Tabellenspalte stehende Aufgabennummer je nach Einschätzung von Wichtigkeit bzw. Dringlichkeit in den entsprechenden Quadranten der „Eisenhower-Matrix" eingetragen, woran die gewünschte Aufgabenpriorisierung erkennbar wird.

Prioritäten setzen mit dem Eisenhower-Prinzip

Festlegung der Prioritäten im Zeitraum von ……. bis ……. für folgende Aufgaben:

Nr.	Betreff
1	
2	
3	
4	
5	
6	
7	
8	
9	
10	

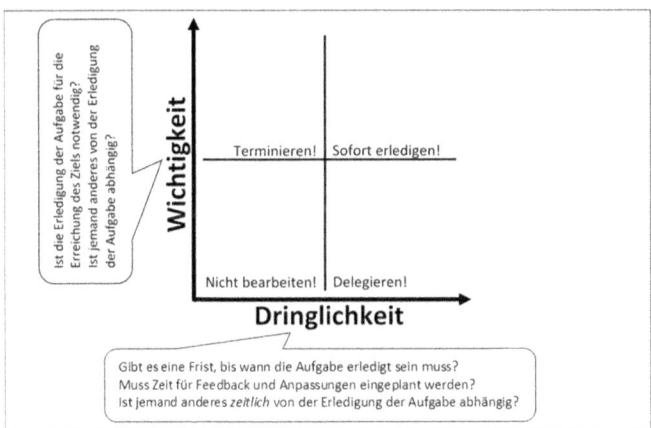

Abb. 2.2 Arbeitsblatt „Prioritäten setzen mit dem Eisenhower-Prinzip"

Vor dem Gespräch – Gesprächsvorbereitung

3.1 Überblick

Jedes Gespräch ist vorzubereiten, soll es erfolgreich verlaufen. Wie umfangreich die Vorbereitung sein soll, hängt von vielen Einflussfaktoren ab. Die wesentlichen Einflussfaktoren sind sicherlich Gesprächsinhalt, Wichtigkeit, Kreis der Gesprächspartnerinnen und -partner sowie nichtzuletzt Tragweite erzielter Ergebnisse. Ferner soll die Vorbereitung angemessen sein, d. h. Aufwand und Nutzen sollen in angemessenem Verhältnis zueinanderstehen. Unabhängig davon braucht Gesprächsvorbereitung aber vor allem auch Zeit – gemessen am erforderlichen Umfang, der sich wiederum an den genannten Einflussfaktoren bemisst, mehr oder weniger.[1]

Im folgenden werden Techniken für die Gesprächsvorbereitung erläutert, mit denen auf Einflussfaktoren eingewirkt wird, die sich nicht auf das Schaffen von Zeiträumen für die Gesprächsvorbereitung mit z. B. dem Eisenhower-Prinzip (vgl. Kap. 2) beziehen. Dies betrifft im einzelnen:

- Rollenanalyse,
- empathische Techniken wie
  - WWI-/WWDW-Strategie,
  - 6 Denkhüte von Edward de Bono.

---

[1] Mit dem Eisenhower-Prinzip (vgl. Kap. 2) kann man sich hierfür nutzbare Zeiträume schaffen.

© Der/die Autor(en), exklusiv lizenziert an Springer Fachmedien Wiesbaden GmbH, ein Teil von Springer Nature 2024
T. Bindel, *Techniken für optimale Gesprächsführung*, essentials,
https://doi.org/10.1007/978-3-658-46600-8_3

3.2   Rollenanalyse

Zum Kreis der an Gesprächen beteiligten Gesprächspartnerinnen und -partner gehören i. Allg. folgende Personengruppen: Entscheiderinnen und Entscheider, Coaches, Wächterinnen und Wächter sowie Anwenderinnen und Anwender. Zum Beispiel lassen sich bei Verkaufsprozessen Angehörige dieser Personengruppen wie folgt zuordnen:

- *Entscheiderinnen und Entscheider* (z. B. Geschäftsführerinnen und Geschäftsführer oder Vorstandsgremium), welche die **Kaufgenehmigung** erteilen und sich auf die Auswirkungen des Angebots auf Unternehmen und Geschäftsergebnis sowie die Sicherung des Return on Investment (ROI) konzentrieren,
- *Coaches* (z. B. Account-Managerinnen und -Manager[2]), die Anbieterinnen und Anbieter durch den Verkaufsprozess führen und sich auf deren Erfolg konzentrieren,
- *Wächterinnen und Wächter* (z. B. Unternehmensberaterinnen und -berater, Ingenieurbüros), die im Verkaufsprozess als Prüfungsinstanz fungieren und sich auf die Erfüllung der Anforderungen an die angebotenen Lieferungen (Produkte) und Leistungen konzentrieren,
- *Anwenderinnen und Anwender,* welche die angebotenen Lieferungen und Leistungen nutzen werden und sich daher auf den Nutzen der angebotenen Lieferungen und Leistungen für die tägliche Arbeit konzentrieren.

Jeder dieser Personengruppen hat Bedürfnisse, aus denen Erwartungen an Gespräche resultieren und auf die sich die Personengruppen konzentrieren. Optimale Gesprächsführung hat daher auch damit zu tun, sich die Zugehörigkeit der Gesprächspartnerinnen und -partner zu diesen vier Gruppen klarzumachen und während des Gesprächs deren Erwartungen entsprechend zu adressieren.

Problematisch ist hierbei jedoch, dass an einem Entscheidungsprozess Gesprächspartnerinnen und -partner aus den Personengruppen „Entscheiderinnen und Entscheider", „Coach", „Wächterinnen und Wächter" und „Anwenderinnen und Anwender" beteiligt sind, jedoch nicht immer an jedem Gesprächstermin alle teilnehmen. Exemplarisches Beispiel sind Verkaufsprozesse, bei denen man sein

---

[2] Account-Managerinnen und -Manager werden seitens Anbieterinnen und Anbieter häufig eingesetzt, um Aktivitäten der einzelnen Geschäftsbereiche von Anbieterinnen und Anbietern gegenüber wichtigen Kundinnen und Kunden (potentielle Auftraggeber!) zu koordinieren. Der Vorteil für Kundinnen und Kunden besteht darin, dass für alle geschäftlichen Angelegenheiten seitens Anbieterinnen und Anbieter immer die gleichen Personen – die Account-Managerinnen und -Manager – als erste Ansprechpersonen zur Verfügung stehen.

Angebot vor zunächst Wächterinnen und Wächtern sowie Anwenderinnen und Anwendern, ggf. unter Anwesenheit von Coaches (z. B. Account-Managerinnen und -Manager), präsentiert und dabei vor allem über Liefer- und Leistungsumfang sowie Vertragsbedingungen diskutiert. Wenn man bei diesen Gesprächen seine Gesprächspartnerinnen und -partner überzeugt, ist das zwar ein wichtiger Schritt zum Erfolg, der manchmal aber auch noch zum Misserfolg werden kann, wenn zum Schluss in der alles entscheidenden Preisverhandlung Entscheiderinnen und Entscheider auf den Plan treten und die Vergabeentscheidung anders als erwartet treffen, weil man vergaß, auch deren Erwartungen mit zu berücksichtigen. Und dabei wähnte man sich doch so sicher... Es ist also sehr wichtig, die Rollen von Gesprächspartnerinnen und -partnern zu kennen, um die Gesprächsergebnisse in den richtigen Kontext einzuordnen, denn wenn Wächterinnen und Wächter zufrieden sind, muss das nicht heißen, dass dies auch für Entscheiderinnen und Entscheider gilt. Wenn man also weiß, welche Rolle Gesprächspartnerinnen und -partner im jeweils vorliegenden Kontext innehaben, behält man auch in sehr komplexen Gesprächssituationen Orientierung.

3.3 Empathische Techniken

3.3.1 Überblick

Eine indianische Weisheit besagt: „Beurteile nie einen Menschen, bevor Du nicht mindestens einen halben Mond lang seine Mokassins getragen hast." [4]. Man wird also dazu aufgefordert, sich in andere hineinzuversetzen, d. h. empathisch zu sein, um jene verstehen zu können – genau das, was gute Gesprächsvorbereitung auszeichnet und für optimale Gesprächsführung entscheidende Voraussetzung ist.

Wie hierzu bereits im Abschnitt 3.1 erläutert, werden im folgenden zwei Techniken vorgestellt, mit denen das gelingen kann:

- WWI-/WWDW-Strategie,
- 6 Denkhüte nach Edward de Bono.

3.3.2 WWI-/WWDW-Strategie

Die WWI-/WWDW-Strategie[3] lernte der Autor während eines Kurses[4] kennen und wendet sie seitdem häufig zur Gesprächsvorbereitung an. Aus seinen Erfahrungen heraus ist kaum eine andere Technik besser dafür geeignet, denn sie ist eine **sehr einfache** und dabei überaus prägnante sowie gleichzeitig auch noch sehr zeitsparende Technik, die den Blick auf Gesprächspartnerinnen und -partner schärft.

Wie gelingt das?

Man macht sich zunächst auf Basis einer Rollenanalyse (vgl. Abschn. 3.2) klar, welche Rollen Gesprächspartnerinnen und -partner einnehmen. Daran schließen sich Überlegungen an, was man selber im Gespräch erreichen will (…und warum), was nicht (…und warum nicht) und wozu man unter welchen Bedingungen bereit wäre. Schon hier macht sich ein wesentlicher Aspekt der WWI-/WWDW-Strategie bemerkbar: Man stellt sich mit der Überlegung, zu was man denn unter welchen Bedingungen bereit wäre, vorab gedanklich auf möglicherweise notwendige Kompromisslösungen ein. Schon dadurch wird die Technik zur Strategie. Damit nicht genug: Im nächsten Schritt überlegt man sich, was das „Du" will (…und warum), was es nicht will (…und warum nicht) und wozu es unter welchen Bedingungen bereit wäre, gepaart mit Überlegungen, welchen Nutzen Gesprächspartnerinnen und -partner hätten, gingen sie auf die eigenen Vorstellungen ein. Hierin spiegelt sich besonders eindrucksvoll der Anspruch wider, sich zur Gesprächsvorbereitung in Gesprächspartnerinnen und -partner hineinzuversetzen.

Da Bilder mehr als 1000 Worte sagen, wird die WWI-/WWDW-Strategie bildlich in einer Tabelle veranschaulicht (Abb. 3.1).

Wie arbeitet man mit dieser Strategie? In der linken Spalte der im Abb. 3.1 dargestellten Tabelle trägt man ein:

- *Was will ich (…und warum)?*
- *Was will ich nicht (…und warum nicht)?*
- *Zu was wäre ich unter welchen Bedingungen bereit?*

In die sich daran anschließenden Spalten der im Abb. 3.1 dargestellten Tabelle werden jeweils die vermuteten Ziele der „Du's" samt ihren vermuteten Rollen

---

[3] Ausgeschrieben steht das Akronym für „Was will ich/Was wird das Du wollen-Strategie".

[4] Kurs „Optimale Ausschöpfung der Kundenpotentiale" der Siggi E. Bree Team Verhaltenstraining und Effizienzberatung (https://bree-team.de).

„Ich"-Ziele	„Du"-Ziele			
	Rolle des „Du 1":	Rolle des „Du 2":	Rolle des „Du 3":	Rolle des „Du 4":
Was will ich (...und warum?)	Was wird „Du 1" wollen (...und warum)?	Was wird „Du 2" wollen (...und warum)?	Was wird „Du 3" wollen (...und warum)?	Was wird „Du 4" wollen (...und warum)?
Was will ich nicht (...und warum nicht)?	Was wird „Du 1" nicht wollen (...und warum nicht)?	Was wird „Du 2" nicht wollen (...und warum nicht)?	Was wird „Du 3" nicht wollen (...und warum nicht)?	Was wird „Du 4" nicht wollen (...und warum nicht)?
Zu was wäre ich unter welchen Bedingungen bereit ?	Zu was wird „Du 1" unter welchen Bedingungen bereit sein?	Zu was wird „Du 2" unter welchen Bedingungen bereit sein?	Zu was wird „Du 3" unter welchen Bedingungen bereit sein?	Zu was wird „Du 4" unter welchen Bedingungen bereit sein?

Was ist der Nutzen für meine Gesprächspartnerinnen und –partner, wenn sie auf meine „Ich"-Ziele eingehen?

Abb. 3.1 WWI-/WWDW-Strategie allgemein

(Entscheiderin und Entscheider, Coach, Wächterin und Wächter, Anwenderin und Anwender)[5] eingetragen:

* *Was wird das jeweilige „Du" wollen (...und warum)?*
* *Was wird das jeweilige „Du" nicht wollen (...und warum nicht)?*
* *Zu was wird das jeweilige „Du" unter welchen Bedingungen bereit sein?*

Die vermuteten Positionen der Gesprächspartnerinnen und -partner lassen sich detailliert auch über Eisberg-Modell der Kommunikation[6] (vgl. Abschn. 4.1.1) oder Kommunikationsquadrat[7] (vgl. Abschn. 4.3) ergründen.

Wie bereits erläutert, gehört zur Gesprächsvorbereitung auch, sich zu überlegen, welcher Nutzen für Gesprächspartnerinnen und -partner entsteht, wenn diese auf die „Ich"-Ziele eingehen. Es ist daher nützlich, zur Gesprächsvorbereitung Daten und Fakten zusammenzutragen, mit denen man Gesprächspartnerinnen und -partner überzeugen will und dies in den Arbeitsblättern (vgl. Abb. 3.1 bzw. 3.2) unterhalb der Textzeile "Was ist der Nutzen für meine Gesprächspartnerinnen und -partner..." zu vermerken.

Nimmt am Gespräch nur eine weitere Person teil (Zwiegespräch), reduziert sich in der Tabelle nach Abb. 3.1 der Tabellenteil für die „Du's" auf nur eine Spalte, so dass die im Abb. 3.2 dargestellte modifizierte Tabelle entsteht.

3.3.3 Die 6 Denkhüte von Edward De Bono

Im Vergleich zur WWI-/WWDW-Strategie (vgl. Abschn. 3.3.2), die – wie bereits ausgeführt – eine **sehr einfache** und dabei überaus prägnante sowie gleichzeitig auch noch sehr zeitsparende Technik zur Gesprächsvorbereitung ist, ermöglichen die 6 Denkhüte von Edward de Bono, falls erforderlich, dies ausführlicher zu tun.

In [5] wird diese Technik wie folgt beschrieben: „Die Kreativitätstechnik der sechs Denkhüte stammt von Edward de Bono. Diese Methode sieht sechs verschiedene Rollen vor, die nach Farben benannt sind: Weiß, Rot, Schwarz, Gelb, Grün und Blau. Diese Rollen werden durch Hüte repräsentiert und entsprechen bestimmten Blickwinkeln." [5].

---

[5] Vgl. Erläuterungen auf S. 15!

[6] Vgl. Abschn. 4.1!

[7] Auch als „Vier-Schnäbel-Vier-Ohren-Modell" bekannt, vgl. Abschn. 4.3!

„Ich"-Ziele	„Du"-Ziele, Rolle des „Du",
Was will ich (...und warum)? • • •	Was wird das „Du" wollen (...und warum)? • • •
Was will ich nicht (...und warum nicht)? • • •	Was wird das „Du" nicht wollen (...und warum nicht)? • • •
Zu was wäre ich unter welchen Bedingungen bereit? • • •	Zu was wird das „Du" unter welchen Bedingungen bereit sein? • • •

Was ist der Nutzen für meine Gesprächspartnerin bzw. meinen Gesprächspartner, wenn sie bzw. er auf meine „Ich"-Ziele eingeht?

Abb. 3.2 Veranschaulichung der WWI-/WWDW-Strategie für Zwiegespräche

Tab. 3.1 Farben/Rollen und Bedeutung der sechs Denkhüte. (Nach [5] und [6])

Hutfarbe/ Rolle	Bedeutung Denkweise	Erläuterung
Weiß	Analytisch (objektiv: das weiße Blatt)	Konzentration auf Fakten, Zahlen und Daten – keine subjektive Meinung bilden und nichts bewerten
Rot	Emotional (subjektiv: Feuer & Wärme)	Konzentration auf Gefühle und Meinungen – persönliche Meinung bilden und dabei positive wie negative Gefühle betrachten
Schwarz	Pessimistisch (kritisch: Schwarzmalerei)	Konzentration auf Risiko, Probleme, Skepsis, Kritik und Ängste
Gelb	Optimistisch (spekulativ: Sonnenschein)	Konzentration auf positive Argumente, Chancen und Vorteile
Grün	Kreativ (konstruktiv: Wachstum)	Konzentration auf neue Ideen und kreative Vorschläge
Blau	Ordnend und moderierend („Big Picture": blauer Himmel)	Überblick über Prozesse behalten, Ideen & Gedanken strukturieren

Die Rollen und die damit verbundenen Farben stehen jeweils für bestimmte Denkweisen, die in Tab. 3.1 zusammengestellt sind, wobei die Erläuterungen [5] und [6] entnommen wurden.

Wie wird diese Technik nun zur Gesprächsvorbereitung angewendet?

Jeder der am Gespräch beteiligten Personen wird in Gedanken nacheinander jeder Hut aufgesetzt. Das bedeutet, die Überlegungen aus Tab. 3.1 für alle am Gespräch beteiligten Gesprächspartnerinnen und -partner anzustellen und die Ergebnisse geeignet zu dokumentieren. Hierzu wird Tab. 3.1 in ein Arbeitsblatt umgesetzt, das in Abb. 3.3 dargestellt ist. Dieses Arbeitsblatt ist zur Gesprächsvorbereitung für alle am Gespräch beteiligten Gesprächspartnerinnen und -partner zu bearbeiten.

Auf diese Weise ermöglicht somit auch diese Technik, sich vorab in Gesprächspartnerinnen und -partner hineinzuversetzen – u. a. im Abschn. 3.3 als entscheidende Voraussetzung für optimale Gesprächsführung dargestellt.

Auf diese Weise bestens auf Gespräche vorbereitet, kann man sich nun voller Selbstvertrauen in selbige „stürzen".

Thema:

Hutfarbe	Denkweise	Erläuterung	Eigene Einschätzung
Weiß	analytisch (objektiv: das weiße Blatt)	Konzentration auf Fakten, Zahlen und Daten - keine subjektive Meinung bilden und nichts bewerten	
Rot	emotional (subjektiv: Feuer & Wärme)	Konzentration auf Gefühle sowie Meinungen - persönliche Meinung bilden und dabei positive wie negative Gefühle betrachten	
Schwarz	pessimistisch (kritisch: Schwarzmalerei)	Konzentration auf Risiko, Probleme, Skepsis, Kritik und Ängste	
Gelb	optimistisch (spekulativ: Sonnenschein)	Konzentration auf positive Argumente, Chancen und Vorteile	
Grün	kreativ (konstruktiv: Wachstum)	Konzentration auf neue Ideen und kreative Vorschläge	
Blau	ordnend und moderierend („Big Picture": blauer Himmel)	Überblick über Prozesse behalten, Ideen & Gedanken strukturieren	

Abb. 3.3 Arbeitsblatt zur Anwendung der sechs Denkhüte nach Edward de Bono

Während des Gesprächs – Gesprächsführung

4

4.1 Überblick

4.1.1 Eisberg-Modell – allgemeines Kommunikationsmodell

Um Kommunikation – und somit auch Gesprächsführung als Kommunikations-element – zu erklären, werden häufig Modelle benutzt. Eines der bekanntesten ist das Eisberg-Modell (Abb. 4.1).[1]

Dieses Modell geht im Kern auf die allgemeine Theorie der Persönlichkeit von Sigmund Freud[2] zurück und wurde von Paul Watzlawick[3] auf die Kommunikation übertragen. Wie Abb. 4.1 zeigt, läuft Kommunikation – d. h. laufen Gespräche – auf zwei Ebenen ab, nämlich auf

- sichtbarer (im Sinne von erkennbar), bewusster (rationaler) *Sachebene* sowie
- unsichtbarer (im Sinne von verborgen), unbewusster (emotionaler) *Beziehungsebene.*

Abb. 4.1 zeigt auf, dass ein Großteil Studien zufolge ca. 80 % (vgl. z. B. [7]) der während eines Gespräches ablaufenden Kommunikation in der Beziehungsebene und somit im Verborgenen stattfindet. Gerade hier „verbergen"

---

[1] Das Eisberg-Modell ist nicht nur als Kommunikationsmodell nutzbar, sondern es kann auch der Gesprächsvorbereitung dienen. Um vermutete Positionen von Gesprächspartnerinnen und -partnern zu ergründen, stellt man sich gemäß Abb. 4.1 Fragen nach deren Stimmungen, Gefühlen, Interessen, Wertvorstellungen und Antrieben (Motivationen).

[2] Österreichischer Arzt und Psychologe, Begründer der Psychoanalyse.

[3] Philosoph und Psychologe, Autor wichtiger Beiträge zur u. a. Kommunikationstheorie.

© Der/die Autor(en), exklusiv lizenziert an Springer Fachmedien Wiesbaden GmbH, ein Teil von Springer Nature 2024
T. Bindel, *Techniken für optimale Gesprächsführung*, essentials,
https://doi.org/10.1007/978-3-658-46600-8_4

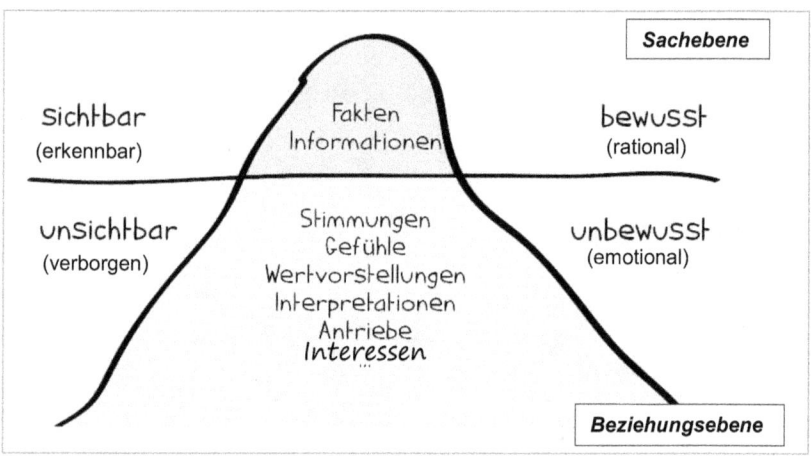

Abb. 4.1 Eisberg-Modell nach [7]

sich Aspekte, welche den Gesprächserfolg maßgeblich beeinflussen. Diese im Gespräch herauszuarbeiten, um die Erwartungen aller Gesprächspartnerinnen und -partner in angemessener Weise berücksichtigen zu können (Erfolgsfaktor!),[4] ist daher für den Gesprächserfolg entscheidend. Wie kann es gelingen, während des Gesprächs zu erschließen, welche Aspekte von Sach- sowie Beziehungsebene Gesprächspartnerinnen und -partner jeweils „umtreiben"?

Dazu gibt es viele Techniken. Dem Anspruch des vorliegenden Buches folgend, das dem Leser Techniken in die Hand gegeben will, mit denen der Autor täglich arbeitet und von deren Erfolg er daher überzeugt ist, werden hier folgende Techniken erläutert:

- Fragetechnik und aktiv zuhören,
- Kommunikationsquadrat nach Friedemann Schulz von Thun.[5]

Bevor darauf eingegangen wird, zuvor kurz ein paar Bemerkungen zu Körpersprache als wesentlicher Bestandteil von Kommunikation.

---

[4] Vgl. Erläuterungen auf S. 8.

[5] Deutscher Kommunikationspsychologe, Leiter des Schulz von Thun-Instituts für Kommunikation.

4.1.2 Bedeutung von Körpersprache für die Gesprächsführung

An dieser Stelle stellt sich – den Überblick zu Kap. 4 abschließend – auch die Frage nach Körpersprache als Teil der Kommunikation, die während eines Gesprächs stattfindet: Wie wichtig ist Körpersprache für (optimale) Gesprächsführung?

Gesprächsinhalte erfolgreich zu vermitteln gelingt nur mit innerer Haltung, und diese drückt sich in entsprechender Körperhaltung, d. h. Körpersprache aus. Hierzu ist nichts anderes erforderlich als ausschließliche Konzentration auf die Gesprächsführung. Dies führt dazu, die der Gesprächsoptimierung förderliche Körperhaltung einzunehmen. Voraussetzungen sind „lediglich" (intensive) Gesprächsvorbereitung (siehe Abschn. 3) sowie konsequente Anwendung der im folgenden beschriebenen Techniken. Dadurch wird die innere Haltung geformt, welche sich nach außen über entsprechende Körperhaltung, d. h. Körpersprache, ausdrückt.

Natürlich beeinflusst umgekehrt Körpersprache auch Gesprächsführung, d. h. das Anliegen überzeugend nach „außen" transportierende Körpersprache verleiht im Gespräch gleichzeitig Sicherheit und stärkt nach „innen". Weil jedoch alles aus innerer Haltung resultiert, auch Körpersprache, liegt der Fokus an dieser Stelle auf Gesprächsführung. Daher wird hier nur sehr kurz auf die Bedeutung von Körpersprache eingegangen – zur Vertiefung wird auf die zahlreich zur Verfügung stehende Literatur (z. B. [8]) bzw. in youtube verfügbare Videos (z. B. [9]) verwiesen.

4.2 Fragetechnik und wesentliche Fragetypen

4.2.1 Einführung

Mit der geeigneten Fragetechnik die richtigen Fragen stellen – aus welchen Gründen ist das wichtig? Weil vielfältige Erfahrungen zeigen, dass sich damit eine vertrauensvolle Gesprächsatmosphäre (Erfolgsfaktor!)[6] schaffen lässt, denn Fragen zeigen das Interesse der Fragenden bzw. Zuhörenden an den jeweiligen Gesprächspartnerinnen und -partnern. Außerdem sind Fragen ein wichtiges Mittel zur Gesprächssteuerung.

---

[6] Vgl. Erläuterungen auf S. 8.

Dieses Instrumentarium präzise zu beherrschen, ist also eine wichtige Fähigkeit, um einerseits Vertrauen zu schaffen sowie optimal im Gespräch zu bleiben und andererseits Gespräche steuern zu können. Deswegen ist es ein wichtiger Schlüssel zur optimalen Gesprächsführung. Daher wird dieses Instrumentarium im folgenden vorgestellt, hinsichtlich Zielstellung eingeordnet und anhand von Beispielen veranschaulicht.

4.2.2 Wesentliche Fragetypen der Fragetechnik

Die Möglichkeiten, Fragen zu formulieren, sind sehr vielfältig, wenn nicht gar unendlich. Hinzu kommt als wichtige Fähigkeit, in bestimmten Gesprächssituationen auf passende Fragen zurückgreifen zu können, um im Gespräch zu bleiben oder es in eine bestimmte Richtung lenken zu können. Um dabei die Übersicht zu behalten, ist es daher hilfreich, die Vielzahl möglicher Fragen zu kategorisieren, indem sie Fragetypen zugeordnet werden. Wie z. B. [10] oder [11] entnommen werden kann, ist hierzu eine grundsätzliche Unterscheidung in geschlossene bzw. offene Fragen sinnvoll.

Geschlossene Fragen sind dadurch gekennzeichnet, dass sie mit nur einem Wort beantwortet werden können (meist lautet dieses Wort „ja" bzw. „nein"). Sie sind nach [10] nützlich, wenn man Vereinbarungen treffen oder Kurzinformationen einholen will (siehe spätere Ausführungen zu *Informationsfragen*).

Offene Fragen sind im Gegensatz zu geschlossenen Fragen dadurch charakterisiert, dass sie nicht mehr nur mit einem Wort beantwortet werden können. Besonders typische offene Fragen sind solche, die nach z. B. [10, 11] mit einem W-Wort beginnen, oder nach z. B. [9] auch kurz „W-Fragen" genannt werden. Solche Fragen sind bestens geeignet, bei Gesprächspartnerinnen und -partnern Denkprozesse anzustoßen sowie sie dazu anzuregen, sich zu öffnen (siehe Ausführungen zu *Informationsfragen* sowie *emotionalisierenden Fragen*).

Sowohl geschlossene als auch offene Fragen bilden den Grundstock für die verschiedenen z. B. aus [10, 11] entnehmbaren Fragetypen, welche während eines Gesprächs für das aktive Zuhören (vgl. Abschn. 4.4) wichtig sind. Daher werden sie nun im folgenden kurz vorgestellt, wobei der Fokus jeweils auf Zweck und Beispiele gerichtet ist.

Informationsfragen

- Ziel: Interesse an Gesprächspartnerinnen und -partnern zeigen, d. h. Informationen über Tatsachen (Sachebene) sowie Gefühle (Beziehungsebene!) erlangen.
- *Beispiele* für *geschlossen* gestellte Informationsfragen (z. B. für Einholen von Kurzinformationen oder Treffen von Vereinbarungen):
  - *Waren Sie schon mal im Restaurant xyz?*
  - *Haben Sie die Aufgabe fristgemäß erledigt?*
  - *Können wir dieses Thema abschließen?*
- *Hinweise* zu *offen* gestellten Informationsfragen (um bei Gesprächspartnerinnen und -partnern z. B. Denkprozesse anzustoßen sowie dazu anzuregen, sich zu öffnen):
  - Offen gestellte Informationsfragen beginnen oft mit folgenden Fragewörtern: *Wer?*, *Welche?*, *Wodurch?*, *Wann?*, *Wo?*, *Womit?*, *Wovon?*, *Worauf?*, *Wie?*, *Was?*, *Wofür?*, *Inwieweit?*, *Inwiefern?*[7]
  - *Beispiele:*
    Wo waren Sie im Urlaub?
    Wie sind Sie auf dieses Urlaubsziel gekommen?
    Wodurch hat sich Ihre kürzliche Urlaubsreise von anderen Reisen unterschieden?
    Womit sind Sie gereist?
    Wer hat Sie begleitet?
    Welche Reiseroute haben Sie genutzt?
    Was hat Ihnen im Urlaub besonders gefallen?
    Wann sind Sie zurückgekommen?
    Wovon konnten Sie nicht genug bekommen?
    Worauf haben Sie nächstes Jahr Urlaubs-Lust?
    Inwieweit könnten Sie mir eine solche Reise empfehlen?
  - *Achtung!* Gewarnt wird in [10] hingegen vor den W-Wörtern *Warum?*, *Wieso?* bzw. *Weshalb?*. In den Ohren von Zuhörerinnen und -hörern könnten diese Wörter wie Vorwürfe klingen, was Rechtfertigungsdruck und dadurch Abwehrreaktionen erzeugen könnte. Falls es der Gesprächsführung dient, können stattdessen folgende Formulierungen benutzt werden: *Aus welchen Gründen...?* oder *Was bedeutet Ihnen...?*

---

[7] Vgl. z. B. [10], [11].

Kontrollfragen

- Ziel: Herausfinden, ob man von seinen Gesprächspartnerinnen und -partnern verstanden wird, und wo sie gerade stehen.
- *Beispiele:*
  - *Ist dies genau der Punkt, auf den es Ihnen ankommt?*
  - *Reichen Ihnen die vorliegenden Informationen aus?*

Beweisfragen

- Ziel: Zustimmung von Gesprächspartnerinnen und -partnern mittels logischer Beweisführung erlangen.
- *Beispiele:*
  - *Wenn ... zutrifft, wird dann nicht ... benötigt?*
  - *Falls ... gilt, heißt das doch auch, dass ...?*

Suggestivfragen

- Ziel: Gesprächspartnerinnen und -partner zu Mitdenken und Engagement motivieren.
- *Beispiele:*
  - *Sie wollen doch sicher auch...?*
  - *Sie sind doch sicher auch der Meinung, dass...?*

Alternativfragen

- Ziel: Entscheidungen durch Wahlmöglichkeiten anbahnen bzw. erleichtern.
- *Beispiele:*
  - *Wäre für Sie eher Variante A oder eher Variante B interessant?*
  - *Würde es Ihnen am Montag oder Freitag besser passen?*

Reflektierende Fragen

- Ziel: Sicherstellen, Gesprächspartnerinnen und -partner richtig verstanden zu haben.
- *Beispiele:*
  - *Habe ich Sie richtig verstanden, dass Sie ... meinen?*
  - *Interpretiere ich Sie richtig, wenn ich sage, dass...?*

Hypothetische Fragen (Richtungweisende Fragen)

- Ziel: Neuen Blick auf eine Situation eröffnen, um dadurch Denkblockaden zu lösen.
- Beispiele:
  - *Angenommen, Sie könnten...?*
  - *Was würde schlimmstenfalls passieren, wenn...?*

Rhetorische Fragen

- Ziel: Hervorhebung/Unterstreichung/Belebung wichtiger Gesprächspunkte sowie Gesprächsauflockerung.
- *Beispiele:*
  - *Wem sage ich, dass...!*
  - *Wo man auch hinsieht – wie die Dinge sich doch gleichen!*

Zirkuläre Fragen

- Ziel: Perspektivwechsel bei Gesprächspartnerinnen und -partnern erreichen.
- *Beispiele:*
  - *Wie würde Ihr bester Freund die Situation einschätzen?*
  - *Welche Stärken würden andere Menschen in Ihnen sehen?*

Präzisierungsfragen

- Ziel: Allgemeinplätze präzisieren und Generalisierungen aufheben.
- *Beispiele:*
  - Allgemeinplatz: *Ich werde nicht ernstgenommen.* → Präzisierungsfrage: *Woran merken Sie das?*
  - Generalisierung: *Immer habe ich Pech!* → Präzisierungsfrage: *Immer?*

Ressourcenfragen

- Ziel: Bewusstmachen von Eigenschaften, mit denen in der Vergangenheit Erfolge erzielt oder Probleme gelöst wurden.
- *Beispiele:*
  - *Wie ist es Ihnen gelungen, diesen Erfolg zu erzielen?*
  - *Durch welche Eigenschaften konnten Sie diese Hürde bewältigen?*

Paradoxe Fragen

- Ziel: Aufheben von Denkblockaden durch Aktivieren des Geistes, der stets verneint, d. h. wer „…weiß, was er auf keinen Fall machen soll, weiß im Umkehrschluss auch, worauf es ankommt." [10].
- *Beispiele:*
  - *Wenn Sie Ihr Arbeitspensum statt es zu erledigen auf keinen Fall schaffen wollten – wie würden Sie das bewerkstelligen?*
  - *Wenn Sie zum Termin unpünktlich statt pünktlich sein wollten – wie würden Sie das anstellen?*

Fragen nach Lösungsansätzen für dauerhafte Probleme

- Ziel: Lösungsansätze für dauerhafte Probleme herausarbeiten, indem durch Analyse der Vergangenheit zeitweilige Ausnahmen von Problemen herausgearbeitet werden, die zu dauerhaften Lösungen ausgeweitet werden können.
- *Beispiele:*
  - *In welchen Situationen hat Ihnen … zuletzt Freude bereitet?*
  - *Bei was haben Sie zuletzt das Gefühl gehabt, ganz bei sich zu sein?*

Interpretationsfragen

- Ziel: Gezieltes „Erforschen" der Sachebene (vgl. Abb. 4.1 und 4.2), d. h. Sichtweisen und Deutungen herausarbeiten.
- *Beispiele:*
  - *Wie interpretieren Sie…?*
  - *Wie wichtig ist für Sie…?*

Lenkungsfragen

- Ziel: Aufmerksamkeit auf mögliche Lösungsansätze lenken und die Akzeptanz ermitteln – oft mit anderen Fragetyp (z. B. offene W-Frage) gekoppelt.
- *Beispiele:*
  - *Was halten Sie von einem neuen Gespräch mit … über…?*
  - *Was wäre, wenn Sie die Sportart wechseln würden?*

Emotionalisierende Fragen (Fragen nach Gefühlen)

- Ziel: Gezieltes „Erforschen" der Beziehungsebene (vgl. Abb. 4.1 und 4.2).
- *Beispiele:*
  - *Wie geht es Ihnen, wenn…?*
  - *Welche Gefühle löst … bei Ihnen aus?*

4.2.3 Nutzung der Fragetypen im Gespräch

Die während eines Gesprächs für aktives Zuhören wichtigen Fragetypen sind nun bekannt. Doch welcher Fragetyp ist in welcher Gesprächssituation angemessen? Wichtigste Prämisse ist, Gespräche am Laufen zu halten! Da jedes Gespräch individuell abläuft, sind aber allgemeingültige Empfehlungen schwierig. Stets jedoch kann Richtschnur sein, ausgehend von verfolgtem Gesprächsziel (vgl. insbesondere Kap. 3) und aktueller Gesprächssituation zu entscheiden, welche Fragen eine weitere Annäherung an das Gesprächsziel ermöglichen.

Häufig bieten sich dabei reflektierende sowie emotionalisierende Fragen an, weil sie *Vertrauen* schaffen (Erfolgsfaktor!)[8] – genau das, was Basis optimaler Gespräche ist. Hierbei helfen statt Fragen oft auch kurze Sätze (Statements), mit denen die Befindlichkeit von Gesprächspartnerinnen und -partnern widergespiegelt wird, z. B. *„Man merkt Ihnen die Anspannung förmlich an."* oder *„Sie wirken fröhlich!"*. Auch aktiv zuhören bietet sich als Option an (siehe Beispiele im Abschn. 4.4).

Ist Vertrauen aufgebaut, kann die Sachebene mit Informations-, Kontroll-, Beweis-, Alternativ-, Präzisierungs- sowie Interpretationsfragen erkundet werden.

Sollten Gespräche ins Stocken kommen, erhalten sie durch Suggestiv-. Ressourcen-, paradoxe, hypothetische, zirkuläre sowie Fragen nach Lösungsansätzen neue Impulse.

Zur Auflockerung kann auf rhetorische Fragen zurückgegriffen werden.

Welche Fragen auch gestellt werden – stets ist dabei wichtig, Gesprächspartnerinnen und -partnern Zeit zum Antworten zu lassen. Wie ist zu bewerten, wenn die Antwort Zeit braucht und Schweigen den Raum füllt? Welche Kraft darin steckt, beschreibt der folgende Abschnitt.

4.2.4 Die Kraft des Schweigens

In [12] heißt es: „Schweigen bereichert Gespräche!". Das klingt zunächst seltsam, erklärt sich aber daraus, dass Gesprächspartnerinnen und -partner für Antworten auf tiefgründige Fragen Zeit zum Nachdenken brauchen. Während des Nachdenkens als Fragestellerin bzw. Fragesteller zu schweigen ist daher Gold wert, weil dies Gesprächspartnerinnen und -partnern ermöglicht, tiefgründig zu antworten. In diesem Sinne bereichert Schweigen Gespräche und ist gleichsam Technik für

---

[8] Vgl. Erläuterungen auf S. 8 Gesprächspartnerinnen und -partnern.

optimale Gesprächsführung. Doch diese Technik will trainiert sein. Ähnlich wie
beim Tauchen, wo man über längere Zeit die Luft anhält, ist es beim Schweigen
eine Herausforderung, mindestens 20 s bis hin zu einer halben Minute und länger
nichts zu sagen. Das ist ungewohnt und fühlt sich zunächst seltsam an. Doch je
öfter man sich darin übt, desto mehr geht Unsicherheit in Sicherheit über. In [12]
wird empfohlen, Gesprächspartnerinnen und -partnern mit kleinen Gesten (z. B.
Kopfnicken, verbunden mit aufmunterndem Lächeln) zu signalisieren, dass es in
Ordnung ist, für ein paar Momente lang zu schweigen.

Weil – wie bereits erläutert – Fragen Antworten bewirken, ist nun von Interesse, wie man mit den Antworten umgeht. Dies wird im folgenden Abschnitt
erläutert.

4.3   Kommunikationsquadrat und „Gesprächskreis"

Während eines Gesprächs, das idealerweise mit den vielen Fragenmöglichkei-
ten aus Abschn. 4.2 in Gang gehalten wird, entstehen auf Fragen ebenso viele
Antworten. Wie geht man aber nun mit den Antworten um?

Nach dem Psychologen Friedemann Schulz von Thun lassen sich Antworten – wie im übrigen jedwede Äußerung, also auch Fragen – in vier Botschaften
zerlegen. Diese Zerlegung ist in [13] beschrieben und wird dort Kommunikationsquadrat genannt – bekannt geworden ist sie aber als „Vier-Schnäbel-
Vier-Ohren-Modell". Abb. 4.2 wurde aus [13] entnommen und veranschaulicht,
wie das Kommunikationsquadrat durch das Vier-Schnäbel-Vier-Ohren-Modell
repräsentiert wird.

Wie Abb. 4.2 zu entnehmen ist, enthält grundsätzlich jede Äußerung vier
Botschaften:

- Sachinhalt (worüber der Sender den Empfänger informiert),
- Selbstkundgabe (was der Sender von sich zu erkennen gibt),
- Beziehungshinweis (was der Sender vom Empfänger hält und wie er zu ihm
  steht),
- Appell (was der Sender beim Empfänger erreichen will).

Der Sender spricht also mit vier „Schnäbeln" gleichzeitig. Die Botschaften erreichen den Empfänger auf der anderen Seite, der idealerweise für jede der vier
Botschaften mit dem jeweiligen Ohr „auf Empfang" ist. „Idealerweise" bedeutet,
dass dies der Idealzustand ist, der aber häufig nicht vorliegt. Vielmehr sind beim
Empfänger oft diese oder jene Ohren verschlossen – die Äußerung wird daher

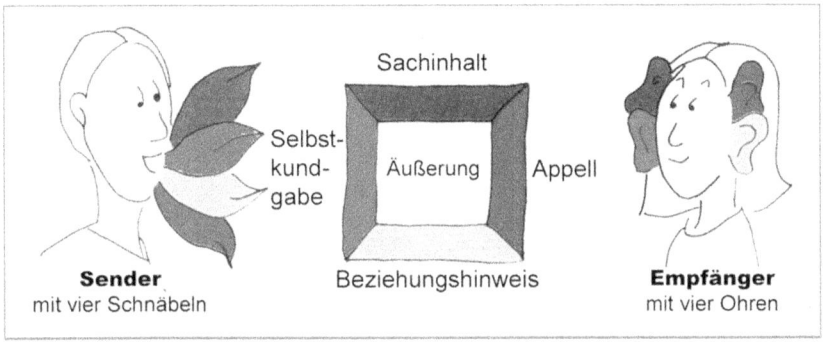

Abb. 4.2 Kommunikationsquadrat und Vier-Schnäbel-Vier-Ohren-Modell [13]

missverstanden. Indem man sich das Vier-Schnäbel-Vier-Ohren-Modell bewusst macht und während der Gesprächsführung versucht, aus jeder Äußerung die vier Botschaften herauszuhören, und sei es durch Nachfragen (z. B. mittels reflektierender Fragen: „Habe ich Sie richtig verstanden, dass Sie … meinten?", vgl. Abschn. 4.2.2), können Missverständnisse vermieden werden.

Mit Abb. 4.3 wird nun durch Einbettung des Kommunikationsquadrats in den sich um Beziehungs- und Sachebene drehenden „Gesprächskreis" die Brücke zum Eisberg-Modell (vgl. Abb. 4.1) geschlagen: Während man sich mit den Botschaften „Sachinformation" und „Appell" auf der Sachebene bewegt, erhält man mithilfe der Botschaften „Selbstkundgabe" und „Beziehungshinweis" Zugang zur Beziehungsebene. Abb. 4.3 beschreibt daher sehr treffend Komplexität und hohen Anspruch optimaler Gesprächsführung – man könnte dies auch Quadratur des sich auf diese Weise schließenden Kreises nennen, der Kommunikation zu einer runden Sache werden lässt.

Doch zurück zum Kommunikationsquadrat: Mit seinen vier Botschaften ermöglicht es den systematischen Zugang zum Gesprächskreis, in dem sich alles um Sach- und Beziehungsebene dreht. Mit Blick auf das Eisberg-Modell (vgl. Abb. 4.1), wonach Studien (vgl. z. B. [7]) zufolge ca. 80 % der während eines Gespräches ablaufenden Kommunikation im Verborgenen stattfindet, wird ersichtlich, wie wichtig für optimale Gesprächsführung der Zugang vor allem zur Beziehungsebene mittels Auswertung entsprechender Botschaften des Senders ist.

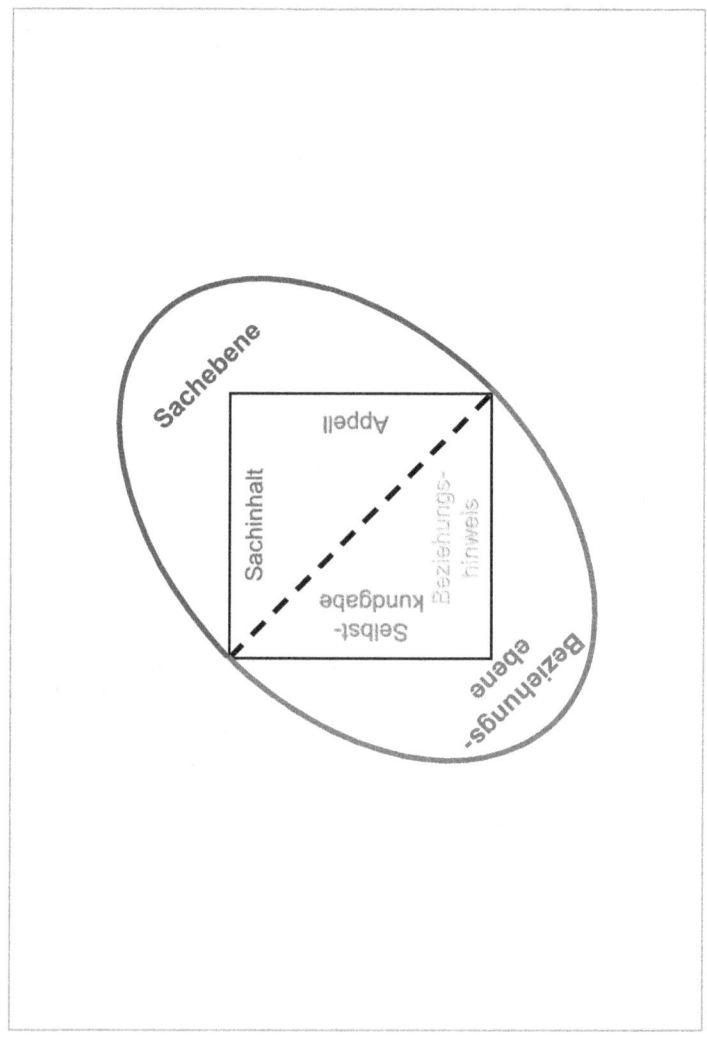

Abb. 4.3 Kommunikationsquadrat und Gesprächskreis

Folgende Beispiele dienen zur Veranschaulichung:

Beispiel 1:
Zwei Personen sitzen im Auto und halten an einer rot zeigenden Ampel an. Die Ampel schaltet unmittelbar danach auf grün um. Die am Steuer sitzende Person reagiert darauf aber nicht sofort. Die daneben sitzende Person sagt in etwas aufbrausendem Tonfall: „Es ist grün!".

Sachinhalt	*Die Ampel zeigt grün*
Selbstkundgabe	*Ich kann sowieso besser autofahren als Du!*
Beziehungshinweis	*Bist Du eine Schlafmütze!*
Appell	*Fahr' doch endlich los!*

Beispiel 2:
Eine Mutter kocht für ihr Kind sein Lieblingsessen. Beim Essen fragt das Kind neugierig: „Hast Du das Rezept verändert?".

Sachinhalt	*Das Essen schmeckt anders als sonst*
Selbstkundgabe	*Es schmeckt mir/schmeckt mir nicht!*
Beziehungshinweis	*Wir können uns offen die Meinung sagen!*
Appell	*Verwende bitte in Zukunft das neue/alte Rezept*

Beispiel 3:
Eine Kollegin arbeitet am Kopierer, ein Kollege steht zufällig daneben. Die Kollegin sagt - wohl mehr zu sich selbst: „Immer muss ich alles alleine machen!".

Sachinhalt	*Das Arbeitspensum ist zu umfangreich!*
Selbstkundgabe	*Ich bin sauer!*
Beziehungshinweis	*Ich fühle mich alleingelassen!*
Appell	*Bitte hilf' mir doch!*

Beispiel 4:
Ein Mafia-Pate sagt zum anderen: „Ich mache Dir ein Angebot, das Du nicht ablehnen kannst!".

Sachinhalt	*Jemand wird zu etwas gezwungen*
Selbstkundgabe	*Mir kann keiner!*
Beziehungshinweis	*Ich bin hier der Boss!*
Appell	*Nimm an und bleib' am Leben!*

Gerade beim „Rezept-Beispiel" wird ersichtlich, dass die Botschaften durchaus unterschiedlich ausfallen können, denn die Frage kann sowohl positiv als auch negativ gemeint sein. Daher würde die Mutter zur Sicherheit, dass Sie ihr Kind „richtig gehört", also verstanden hat, nachfragen und dabei auf Selbstkundgabe (allgemein „Wie meinst Du das?" oder angepasst auf das konkrete Beispiel „Wie schmeckt es Dir denn?") oder/und Appell eingehen („Du möchtest, dass ich wieder das alte Rezept verwende oder ist Dir das neue lieber?").

Sofern Unsicherheit darüber besteht, ob die Botschaft für das entsprechende Ohr richtig verstanden wurde, bietet sich also an, grundsätzlich z. B. wie folgt nachzufragen:

- Sachinhalt (worüber der Sender informiert) = > *Was ist Sache? Worum geht's?*
- Selbstkundgabe (was der Sender von sich zu erkennen gibt) = > *Wie meinst Du das?*
- Beziehungshinweis (was der Sender vom Empfänger hält und wie zu ihm steht) = > *Sprichst Du gerade über unsere Beziehung?*
- Appell (was der Sender beim Empfänger erreichen will) = > *Du möchtest, dass ich…?*

Es benötigt einige Übung, um während des Gesprächs jeder Äußerung die entsprechenden vier Botschaften zu entnehmen. Friedemann Schulz von Thun empfiehlt daher, zunächst „…die inhaltliche und die menschliche Botschaft gleichzeitig zu hören und auseinanderzuhalten." [14]. Ergänzend führt er aus: „Nach etwas Übung mündet das Ganze in eine geschulte Intuition und in ein Gefühl für Stimmigkeit." [14]. Wie heißt es doch so schön: „Übung macht den Meister!".

So sehr das Kommunikationsquadrat beim „Entschlüsseln" aller vier Botschaften, die von Gesprächspartnerinnen und -partnern mit jeder Äußerung übermittelt werden, auch Orientierung bieten kann – das ist leider nur die sprichwörtliche „halbe Miete". Sind die Botschaften erst einmal bei Zuhörerinnen und Zuhörern angekommen, besteht die nächste Aufgabe nun darin, darauf angemessen zu reagieren. Wie beim „Rezept-Beispiel" bereits erläutert, kann man dabei eine oder mehrere der Botschaften, die angekommen sind, aufgreifen und z. B. mithilfe der im Abschn. 4.2.2 erläuterten Fragetypen erforschen, inwieweit man die jeweiligen Botschaft richtig verstanden hat.

Andere Möglichkeiten bestehen darin, die Technik des aktiven Zuhörens (siehe Abschn. 4.4) oder das von Marshall B. Rosenberg entwickelte Konzept der gewaltfreien Kommunikation [15] anzuwenden (siehe Abschn. 4.5).

4.4 Aktiv zuhören

Aktiv zuhören bedeutet, Äußerungen von Gesprächspartnerinnen und -partnern mit eigenen Worten wiederzugeben. Damit werden folgende Ziele verfolgt:

- Sicherstellen, dass man Gesprächspartnerinnen und -partner richtig verstanden hat,
- mit Signalen auf der unterbewussten, d. h. emotionalen Ebene, Vertrauen schaffen.

Ersteres schafft Klarheit, d. h. vermeidet Missverständnisse, letzteres trägt zur Vertrauensbildung (Erfolgsfaktor!) bei.

Aktiv zuhören umfasst folgende Stufen:

(1) Positive Formulierung des Gesagten mit eigenen Worten (z. B. als Wunsch, der im Gesagten unterschwellig mitschwingen könnte),
(2) (1) zzgl. Aussage zum Gefühl, das mit dem Gesagten verbunden sein könnte,
(3) (1) und (2) zzgl. Spiegelung der Selbstaussage (zu den verfolgten Werten),
(4) (1) bis (3) in einer Metapher zusammengefasst.

Folgende Beispiele verdeutlichen diese Stufung und deren Anwendung.

Beispiel 1:
Aussage: „Ich habe keine Zeit mehr, mich zu verzetteln!"

(1)	*Sie wünschen sich, das Richtige zu tun,*
(2)	*weil Sie Angst vor der falschen Entscheidung haben,*
(3)	*denn Ihnen ist Zeit kostbar, und Sie wollen Sie sinnvoll einsetzen?*
(4)	*Ist das wie bei einer Sanduhr, deren rieselnde Sandkörner zeigen, wie vergänglich Zeit und Leben sind, und jede Sekunde genutzt sein will?*

Beispiel 2:
Aussage: „Ich würde gerne souveräner auftreten:"

(1)	*Sie wünschen sich, souveräner auftreten zu können,*
(2)	*weil Sie fair behandelt werden möchten,*
(3)	*denn Fairness und Gerechtigkeit sind Ihnen wichtig?*
(4)	*Ist das so, dass Sie wie David gegen Goliath allen die Stirn bieten wollen, denen Fairness und Gerechtigkeit fremd sind?*

Beispiel 3:
Aussage: „Immer muss ich alles alleine machen!"

(1)	*Sie wünschen sich, gesehen, gehört sowie unterstützt zu werden*
(2)	*und sind wütend sowie gekränkt, weil man Sie einfach so im Stich lässt,*
(3)	*denn Hilfsbereitschaft und gegenseitige Unterstützung – auch ohne, dass man extra darum bitten muss – sind Ihnen wichtig?*
(4)	*Ist das so, als ob Sie wie Mutter Theresa ständig für andere da sind, aber niemand zu schätzen weiß, was Sie für andere tun, und zum Dank dafür „belohnt" man Sie mit Missachtung?*

Beispiel 4:
Aussage: „Ich will das alles nicht länger schönreden – es kotzt mich an!"

(1)	*Sie wünschen sich, dass sich endlich etwas ändert,*
(2)	*denn wenn es so bleibt, fühlen Sie sich schlecht,*
(3)	*weil Sie sich der Wahrheit verpflichtet fühlen. diese aber nicht ungeschminkt sagen können?*
(4)	*Ist das so, als ob immer mehr Druck auf den Kessel kommt, der gerne platzen möchte, aber nicht platzen darf?*

4.5   Gewaltfreie Kommunikation

Das Konzept der gewaltfreien Kommunikation hilft, detailliert und angemessen auf eine oder mehrere der vier Botschaften (vgl. Erläuterungen zum Kommunikationsquadrat im Abschn. 4.3), die mit jeder Äußerung übermittelt werden, zu reagieren. Es wurde von Marshall B. Rosenberg entwickelt und ist in [15] ausführlich beschrieben. Daher wird hier als ausreichend betrachtet, nur die wesentlichen Grundgedanken darzustellen, wobei sich die Erläuterungen an 12 orientieren. Bei gewaltfreier Kommunikation sind grundsätzlich folgende Bereiche zu berücksichtigen:

1. Wahrnehmungen,
2. Gefühle,
3. Bedürfnisse,
4. Bitten.

Aus diesen vier Bereichen resultiert eine Schrittfolge, mit der das Konzept der gewaltfreien Kommunikation umgesetzt werden kann. Sie wird nun im folgenden erläutert.

Äußerungen, denen das Konzept der gewaltfreien Kommunikation innewohnt, beginnen – bezugnehmend auf den ersten Bereich – mit wert- und vorurteilsfreien *Schilderungen von Wahrnehmungen,* indem beschrieben wird, was man sieht, hört, spürt oder anderweitig wahrnimmt.

Daran schließen sich – den zweiten Bereich in den Blick nehmend – *Schilderungen von Gefühlen* an, welche die geschilderten Beobachtungen auslösen.

Dies baut die Brücke zum dritten Bereich und mündet in *Schilderungen von Bedürfnissen.* Hierbei wird übermittelt, was man braucht sowie erwartet, um sich besser zu fühlen.

Damit man von der Analyse ins Handeln kommt, folgt – auf den vierten Bereich bezugnehmend und als letzter Schritt – das Äußern von *Bitten.*

An mehreren Beispielen wird nun demonstriert, wie das Konzept der gewaltfreien Kommunikation angewendet wird.

Beispiel 1:
Nächtlicher Lärm auf der Straße, der unüberhörbar durchs Schlafzimmerfenster dringt => Wie könnte gewaltfreie Kommunikation mit den Leuten gelingen, die den Lärm verursachen?

Wahrnehmungen	*Partylärm auf der Straße vorm Haus*
Gefühle	*Ärger über Ruhestörung*
Bedürfnisse	*Schlaf wegen Schichtarbeit im Krankenhaus*
Bitten	*Beendigung des Lärms bzw. Partyfortsetzung an anderem Ort, wo keine Ruhestörung entsteht*

Dies ließe sich in folgenden Sätzen zusammenfassen:

Guten Abend, mir ist es zu laut. Dadurch bin ich munter geworden und darüber nicht gerade erfreut. Als jemand, der im Krankenhaus in Schichten arbeitet, brauche ich meinen Schlaf, um ausgeruht für meine Patientinnen und Patienten dazusein. Ich bitte Sie daher, entweder leise zu sein oder Ihre Party an einem anderen Ort fortzusetzen!

Beispiel 2:
Unüberhörbare Teamberatung im ICE => Wie könnte gewaltfreie Kommunikation mit den an der Teamberatung beteiligten Leuten gelingen?

Wahrnehmungen	*Teamberatung mit lauter Kommunikation über Gänge und Sitzreihen hinweg*
Gefühle	*Ärger über Ruhestörung*
Bedürfnisse	*Ruhe, um dringende Arbeit am Laptop fertigzustellen*
Bitten	*Beendigung der Teamberatung bzw. Fortsetzung an einem Ort, wo keine Ruhestörung entsteht (z. B. Bord-Restaurant)*

Dies ließe sich in folgenden Sätzen zusammenfassen:

Guten Tag, Sie haben sicher wichtige Dinge miteinander zu besprechen, denn ich bin jetzt schon eine ganze Weile unfreiwilliger Zeuge Ihrer Teamberatung. Es ist mir, gelinde gesagt, zu laut – selbst fünf Sitzreihen von Ihnen entfernt ist alles noch laut und deutlich zu verstehen. Um eine dringende Arbeit am Laptop fertigstellen zu können, bitte ich Sie daher, sich entweder leiser zu unterhalten oder Ihre Teamberatung an einem anderen Ort – z. B. im Bord-Restaurant – fortzusetzen.

Beispiel 3:
Radfahrende und offensichtlich erwachsene Person kommt auf dem **Fußweg** entgegen => Wie könnte gewaltfreie Kommunikation mit dieser Person gelingen?

Wahrnehmungen	*radfahrende, offensichtlich erwachsene Person fährt auf Fußweg*
Gefühle	*Ärger über verkehrswidriges Verhalten*
Bedürfnisse	*Wunsch, durch solches Verhalten nicht belästigt zu werden*
Bitten	*auf dem Fußweg absteigen oder Straße benutzen*

Dies ließe sich in folgenden Sätzen zusammenfassen:

Guten Tag, als erwachsener Mensch benutzen Sie mit Ihrem Rad den Fußweg. Ich fühle mich als Fußgänger durch Ihr Verhalten belästigt, denn ich möchte auf dem Fußweg nicht durch radfahrende Personen bedrängt werden. Ich bitte Sie daher, entweder auf dem Fußweg abzusteigen oder die Straße zu benutzen.

Beispiel 4:
Präsentation von aktuellen Geschäftszahlen beim Chef, der mit wutentbrannter Verbalattacke „Wenn Du endlich auch mal Deine Geschäftszahlen bringen würdest, hätten wir nicht soviele Probleme!" auf die zugegebenermaßen unbefriedigenden aber doch eine triftige Ursache habenden Zahlen reagiert => Wie könnte gewaltfreie Kommunikation mit dem Chef gelingen?

Beobachtungen	*Kritik an gezeigten Leistungen*
Gefühle	*Ärger wegen überzogener Verbalattacke (Äußerung „...endlich auch mal..." gepaart mit* **wutentbranntem Auftreten***)*
Bedürfnisse	*Chance, die Ursache für die zugegebenermaßen unbefriedigenden Zahlen darzulegen*
Bitten	*Rückkehr zur Sachlichkeit,*

Dies ließe sich in folgenden Sätzen zusammenfassen.

Ich kann den Frust, der sich in Deiner Kritik an meinen Geschäftszahlen entlädt, nachvollziehen, denn Du stehst bei der Geschäftsleitung in der Pflicht, und die mag keine schlechten Geschäftszahlen. Obwohl ich das menschenmögliche versucht habe, konnte ich zugegebenermaßen nur unbefriedigende Ergebnisse erzielen. Das frustriert mich genauso wie Dich, und ich finde es deswegen unfair, wenn Du mich deswegen auch noch in dieser Art attackierst. Ich kann erklären, warum die Dinge so sind und bitte Dich darum, Dir dies darlegen zu können, damit wir auf sachlicher Basis das weitere Vorgehen abstimmen können.

Nach dem Gespräch – Gesprächsnachbereitung

Gesprächsnachbereitung – wozu das denn? Kurz gesagt, dient sie zur:

- Analyse und Reflexion, wo es im Gespräch gut lief und wo nicht (…woraus ggf. Verbesserungspotential ersichtlich wird→ Lerneffekt!),
- Dokumentation wichtiger Informationen sowie Vereinbarungen (→ Vorbereitung nachfolgender Gespräche, denn „Nach dem Spiel ist vor dem Spiel!"[1]).

Das sind gute Gründe, sich dafür Zeit zu nehmen – ggf. indem man sie sich zuvor mit dem Eisenhower-Prinzip (vgl. Kap. 2) schafft.

Standardtechnik ist sicher die „gute alte" Gesprächsnotiz – im digitalen Zeitalter aber höchstwahrscheinlich nicht in Papierform. Hierzu wird man auf die allgegenwärtigen Smartphones zurückgreifen, auf denen Diktiergeräte-Apps installiert sind. Mit diesen Apps kann man die Gesprächsnotiz diktieren (so wird die Gesprächsnotiz im wahrsten Sinne des Wortes zur gesprochenen Notiz) und anschließend gleich in Text umwandeln lassen. Darüber hinaus wird es möglich, diese Notizen strukturiert digital abzulegen sowie zu verteilen. Effiziente und effektive Abläufe sind das Ergebnis.

---

[1] Legendärer Ausspruch von Sepp Herberger – Trainer der Fußballmannschaft, die 1954 Fußballweltmeister wurde.

© Der/die Autor(en), exklusiv lizenziert an Springer Fachmedien Wiesbaden GmbH, ein Teil von Springer Nature 2024
T. Bindel, *Techniken für optimale Gesprächsführung*, essentials,
https://doi.org/10.1007/978-3-658-46600-8_5

Zusammenfassung

6

Ausgehend von den im Kap. 1 genannten Prämissen

- Was man von diesem Buch erwarten kann:
  Empfehlung von Techniken für optimale Gesprächsführung aus Sicht eines Anwenders, der mit diesen Techniken täglich arbeitet,
- Was dieses Buch also sein kann:
  Anleitung zur optimalen Gesprächsführung,
- Was dieses Buch eher nicht ist:
  Wissenschaftlich begründete Abhandlung,

wurde hier davon ausgegangen, dass

- Gespräche gemeint sind, die im beruflichen oder geschäftlichen Umfeld geführt werden (wobei alle Ausführungen grundsätzlich auch auf Gespräche im privaten Umfeld übertragbar sind),
- für optimale Gesprächsführung in diesem Umfeld folgende Voraussetzungen wichtig sind:

  a) Zeitmanagement,
  b) Gesprächsatmosphäre des Vertrauens,
  c) Berücksichtigung der Erwartungen aller Gesprächspartnerinnen und -partner in angemessener Weise,
  d) Verankerung des Gesagten bei Gesprächspartnerinnen und -partnern sowohl rational auch emotional.

T. Bindel, *Techniken für optimale Gesprächsführung*, essentials,
https://doi.org/10.1007/978-3-658-46600-8_6

Es liegt nahe, diese Voraussetzungen als Erfolgsfaktoren für optimale Gesprächsführung anzusehen.

Zur Erfüllung dieser Voraussetzungen wurde hier ganz allgemein von einem
einfachen und dadurch besonders übersichtlichen Dreiphasenmodell ausgegangen:

1. Gesprächs-Vorbereitung,
2. Gesprächs-Führung,
3. Gesprächs-Nachbereitung.

Gespräche verlaufen dann optimal, wenn es gelingt, in jeder dieser Phasen die
genannten Erfolgsfaktoren umzusetzen.

Hierzu wurden Leserinnen und Lesern für jede Phase entsprechende Techniken
in die Hand gegeben (vgl. Tab. 1.1) und ausführlich erläutert, mit denen der Autor
täglich arbeitet, und von deren Wirksamkeit er daher überzeugt ist.

Und nun viel Erfolg mit optimaler Gesprächsführung!

Was Sie aus diesem *essential* mitnehmen können

- Dreiphasenmodell optimaler Gesprächsführung, d. h. Gesprächsvorbereitung, -führung sowie -nachbereitung,
- Erfolgsfaktoren für jede Gesprächsphase, d. h. Zeitmanagement betreiben, Atmosphäre des Vertrauens schaffen, Erwartungen aller am Gespräch beteiligten Personen in angemessener Weise berücksichtigen, Verankerung des Gesagten sowohl rational als auch emotional,
- Techniken, mit denen sich optimale Gesprächsführung umsetzen lässt, d. h. Instrumentarium, das direkt nach der Lektüre bessere Kommunikation ermöglicht, die durch ein Quadrat rundläuft und gewaltfrei mehr erreicht.

T. Bindel, *Techniken für optimale Gesprächsführung*, essentials, https://doi.org/10.1007/978-3-658-46600-8

Literatur

1. https://www.scribbr.de/modelle-konzepte/eisenhower-prinzip/ abger. 05.05.2023
2. https://www.projektmagazin.de/methoden/portfoliotechnik, abger. 05.05.2023
3. https://www.orghandbuch.de/Webs/OHB/DE/OrganisationshandbuchNEU/4_Methode nUndTechniken/Methoden_A_bis_Z/Eisenhower_Matrix/Eisenhower_Matrix_node. html, abger. 05.05.2023
4. https://www.aphorismen.de/zitat/26712, abger. 05.05.2023
5. https://kreativitätstechniken.info/ideen-generieren/die-6-denkhute-von-de-bono/, abger. 05.05.2023
6. https://de.wikipedia.org/wiki/Denkh%C3%BCte_von_De_Bono, abger. 05.05.2023
7. https://projekte-leicht-gemacht.de/blog/pm-methoden-erklaert/das-eisbergmodell/, abger. 05.05.2023
8. Molcho, Samy: Alles über Körpersprache. München: Mosaik Verlag, 2002.
9. https://www.youtube.com/watch?v=BSE0yWs7vhk, abger. 05.05.2023
10. Wehrle, M.: Karriereberatung. Weinheim, Basel: Beltz Verlag, 3. Auflage, 2019.
11. https://de.ryte.com/magazine/contenterstellung-w-fragen, abger. 05.05.2023
12. Wehrle, M.: 365-Tage-Challenge. https://martinwehrle.mydigibiz24.com/, abger. 05.05.2023.
13. https://www.schulz-von-thun.de/die-modelle/das-kommunikationsquadrat, abger. 05.05.2023
14. Chrismon – 03/2020
15. Rosenberg, Marshall B.: Gewaltfreie Kommunikation – Eine Sprache des Lebens. Paderborn: Junfermann Verlag, 12. Auflage, 2016.
16. https://www.erwachte-kommunikation.de/, abger. 05.05.2023

© Der/die Herausgeber bzw. der/die Autor(en), exklusiv lizenziert an Springer Fachmedien Wiesbaden GmbH, ein Teil von Springer Nature 2024
T. Bindel, *Techniken für optimale Gesprächsführung*, essentials,
https://doi.org/10.1007/978-3-658-46600-8